Mio机器人

创意编程（初级版）

李涛 康义 著

哈尔滨工程大学出版社

图书在版编目(CIP)数据

Mio机器人·创意编程：初级版 / 李涛，康义著
. -- 哈尔滨：哈尔滨工程大学出版社，2018.1（2018.9重印）
ISBN 978-7-5661-1779-3

Ⅰ.①M… Ⅱ.①李… ②康… Ⅲ.①机器人 - 程序设
计 Ⅳ.①TP242

中国版本图书馆CIP数据核字(2018)第010491号

选题策划	付梦婷	
责任编辑	张忠远	付梦婷
封面设计	刘 莹	

出版发行	哈尔滨工程大学出版社
社 址	哈尔滨市南岗区南通大街145号
邮政编码	150001
发行电话	0451-82519328
传 真	0451-82519699
经 销	新华书店
印 刷	哈尔滨市石桥印务有限公司
开 本	787 mm × 1 092 mm 1/16
印 张	6.75
字 数	180千字
版 次	2018年1月第1版
印 次	2018年9月第2次印刷
定 价	30.00元

http://www.hrbeupress.com
E-mail:heupress@hrbeu.edu.cn

前言

　　"创客"一词来源于英文Maker，它是指一群酷爱科技、热衷实践的人。他们分享技术、交流思想，努力把各种创意变成现实，并在这一过程中收获快乐。

　　创客时代，创客们坚持创新、乐于分享，让"专利"的潘多拉魔盒，不需要钥匙也能打开。一个人的创意分享，可以带动100+的新创意产生，100+的创意又将衍生出无限可能的快乐体验！

　　创客的世界，一切都是有趣的，一切都是新奇的。在他们周围，会不停地有有趣的东西被创造出来，让你感受到创造的乐趣。他们有一颗狂热的心，他们坚持创造和分享，让世界每天都有一点点新的可能。

　　Mio是萝卜立方团队为机器人初学者和爱好者开发的一款入门级可编程教育机器人。它包含丰富的电子模块和机械零件，支持多种图形化及高级语言编程软件，并兼容乐高积木，拥有近百种创意玩法，让孩子们在使用的过程中充分学习STEAM（科学Science、技术Technology、工程Engineering、艺术Art、数学Mathematics）领域的知识，为孩子们打开科学世界的大门。

目录

（下）

Hello
大家好

我是Mio编程机器人，小名Mio（咪奥）

欢迎来到咪奥机器人的世界

正在加载，请稍后...

第一章

走进Mio的世界

Mio拥有十八般武艺，电子、机械、编程样样精通，同时还拥有更多的扩展性，可以满足用户更多创造方面的需求。

在软件方面，Mio在电脑端采用萝卜立方（PC端）软件编程，支持全彩LED、超声波测距模块、LED点阵模块等多种电子模块，同时支持移动端Mio（APP）控制软件和平板端图形化编程软件Mio-Blockly，多终端操作，玩法更灵活。

在硬件方面，Mio的主控器提供了4个总线接口（可扩展上百个传感器设备）、2个电机接口、2个3线舵机接口，还有板载全彩LED、板载音量传感器等，功能更为强大。

在机械方面，Mio有与乐高兼容的凸点颗粒，支持乐高组件扩展，使Mio支持更多复杂的机械扩展，还拥有更高的可玩性。这些插孔不止可以连接乐高，还可以通过螺丝螺母连接金属零件，使Mio的机械扩展具有一定的结构强度。

萝卜立方（PC端）是萝卜立方团队为提升学生对程序设计的兴趣，并让学生学习更多相关的电子和编程知识，以麻省理工学院（MIT）Scratch2.0为蓝本，开发的一套简单易学、高趣味性、高效率的编程学习工具。它不仅支持图形化编程，还创造性地增加了高级语言代码转换功能。

萝卜立方（PC端）将学生的创作从计算机的虚拟世界带入到现实的物理世界，让编程变得更加简单。

组装Mio（请参考说明书）

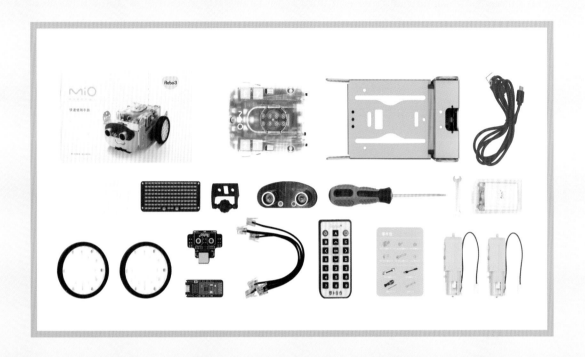

认识Mio主控板

　　Mio的主控板以开源硬件Arduino Uno为原型，具备4个即插型的RJ25接口、2个电机接口和2个舵机控制接口，主控板上面有5颗多彩LED灯，并集成了3种方便互动创作的传感器，即光线传感器、红外传感器和音量传感器。

　　套件包里还附赠了超声波测距模块、巡线模块以及LED点阵模块这3个实用的电子模块，通过RJ25接口将它们连接到主控板，即可赋予Mio更多玩法。

　　Mio出厂即配备了已配对的蓝牙模块与USB蓝牙模块：蓝牙模块可以让使用者方便地将Mio与手机、平板电脑及笔记本电脑连接；USB蓝牙模块可以直接通过USB数据线与电脑连接并与蓝牙模块一键配对，多人使用时，则可以减少搜寻及配对的时间。

主控板图解

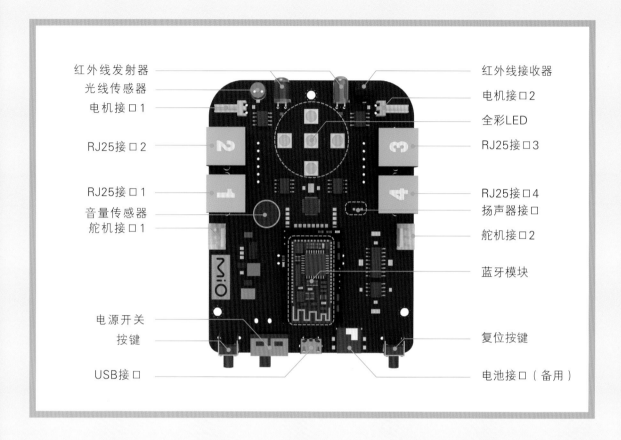

红外线发射器
光线传感器
电机接口1

RJ25接口2

RJ25接口1
音量传感器
舵机接口1

电源开关
按键

USB接口

红外线接收器
电机接口2
全彩LED
RJ25接口3

RJ25接口4
扬声器接口
舵机接口2

蓝牙模块

复位按键

电池接口（备用）

Mio机器人通信方式

1 蓝牙通信

Mio板载的蓝牙模块支持与多种蓝牙主机进行连接，既可以使用移动端APP对其进行控制，也可以使用带有蓝牙功能的电脑或者遥控手柄控制。

2 红外通信

Mio主控板上装有红外线接收器，用户可以使用Mio自带的红外线遥控器对其进行控制。

3 USB通信

Mio主控板上配有USB接口，可以使用基础套装中的USB数据线将Mio机器人与电脑连接，使用萝卜立方（PC端）软件来对其进行控制或烧写程序。

认识萝卜立方（PC端）

（1）萝卜立方（PC端）软件下载与安装

　　进入萝卜立方官网：www.robo3.cn，进入下载中心，找到"萝卜立方（PC端）下载"，如下图所示。Windows系统用户，请选择Windows下载；MAC系统用户，请选择Mac下载。

（2）萝卜立方（PC端）操作界面介绍

软件界面介绍

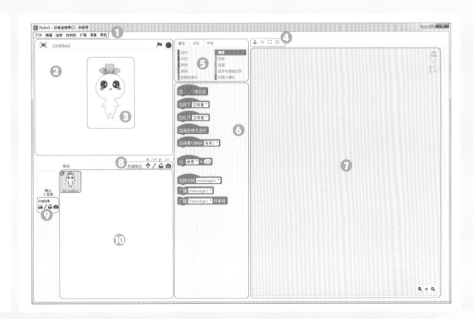

运行萝卜立方（PC端）软件后，屏幕画面如下图所示，可分为10大区域：

❶ 菜单区；　❷ 舞台互动区；　❸ 角色管理区；　❹ 编辑属性卷标；　❺ 指令分类选单；

❻ 指令区；　❼ 脚本区；　❽ 新建角色方法；　❾ 新建背景方法；　❿ 角色列表。

（3）Mio硬件连接

①打开Mio机器人电源开关，插入USB线，插入方式如下图所示。

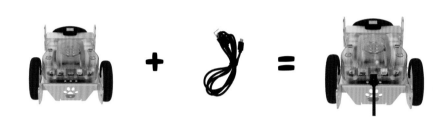

②第一次使用软件时，需要安装相关驱动。具体步骤为点击萝卜立方（PC端）软件上的"连接"→"安装Arduino驱动"，根据提示安装好相关驱动。

③点击萝卜立方（PC端）软件上的"连接"→"串口"，然后选择相应的COM端口，连接成功后软件顶部会显示"已连接"，如果没有找到串口可以点击"刷新"，尝试刷新串口。

　　注：不同计算机COM端口也不一样。有多个端口时可以打开计算机的设备管理器，展开"端口（COM和LPT）"便可以查看USB的COM端口,然后选择正确端口进行连接。

　　④点击萝卜立方（PC端）菜单上的"控制板"，选择ROBO3_Mio之后即可使用萝卜立方（PC端）的机器人模块控制Mio。

　　注：由于本课程软件是以Scratch2.0开发环境为基础，所以在后续课程的讲解中，只介绍如何通过编程来控制Mio，对于舞台背景和角色建立的相关知识，可参考Scratch2.0相关书籍。

　　至此，我们完成了对Mio的初始化设置，接下来让我们开始Mio探索之旅吧！

进入萝卜立方官网：www.robo3.cn，进入下载中心，找到"Mio资料下载"，见下图。

第二章

CON

CERT

音乐会

情景故事　多才多艺的Mio摇身一变成了一个小音乐家，它的歌声非常动听。Mio想举办一场私人音乐Party，我们快去参加吧！

学习目标
1. 学习如何利用萝卜立方（PC端）控制扬声器发出声音。
2. 利用给定的音乐简谱，独立制作音乐。
3. 学习顺序结构的使用。

▷ 认识模块

硬件模块　NO. 1

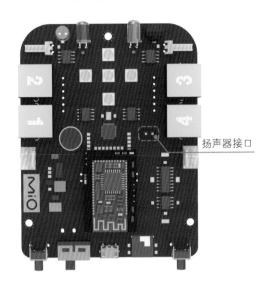

主板通过左图标记处的两个插针与扬声器相连接。
当不同的音频信号输入到扬声器后，
扬声器就会发出不同的声音。

软件模块　NO. 2

模 块	解 析	应用举例
当　被点击	事件的起点， 当绿旗被点击时，运行其下方的程序。	
等待 1 秒	等待一段时间， 可以通过修改数值的方式来 调整等待的时间。	
播放语音 板载接口▼ 播放 音符do▼	控制Mio播放一段语音， 可以在"播放"后边的下拉列表中 选择声音片段。	

▷ 玩转Mio

操作实例

实例界面

接下来，我们就要一起来动手控制Mio机器人啦！

首先将Mio机器人与电脑相连，
打开萝卜立方（PC端）软件，并连接好串口，
通过软件打开"2.音乐会.sb2"文件，
点击"舞台"右上方的绿色小旗子，
就可以听到扬声器所播放出来的美妙音乐啦。
（打开一个新的项目后，需要先在"控制板"中
选择"ROBO3_Mio"再运行程序。）

▷ 编程思路

思路解读

思路流程

"开始"代表程序开始运行。
"延时指令"代表等待一段时间。
"播放声音指令"属于机器人模块的指令，
可以用来控制声音播放。

用延时指令将声音指令隔开，就可以听到有
节奏的音乐了。
（积木块颜色与程序软件中相关指令块颜色相同。）

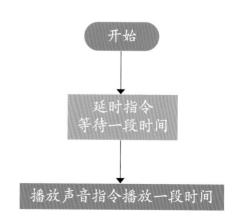

▷ 程序解读

解释说明	程序编写

点击绿色小旗，程序开始运行；
之后程序会等待1秒再执行"播放语音"模块指令；
再执行"等待"模块指令；
当播放完最后一个"播放语音"模块指令时，
程序执行完毕。
（用户可以通过调整"等待"程序的时间来调整节
拍。选择"播放语音"指令块上的"板载接口"，
说明该模块是Mio主板上自带的模块。）

顺序结构

　　程序从第一个指令块开始执行，依次执行到末尾，这种程序结构叫作顺序结构。本章中的
程序就是标准的顺序结构，顺序结构是程序的基本结构之一。

▷ 知识扩展

　　扬声器又称"喇叭"，是一种常见的
电声转换器件，在发声的电子、电气设备
中都能见到它。它的主要工作原理就是把
电能转化成声音，通过控制扬声器的震动
频率来发出不同的声音。生活中的手机、
电视等都会用到扬声器。音响内部发声的
部分也是扬声器，只是它的功率比较大，
所以我们听到的声音就比较大。

音响扬声器　　　　手机扬声器

小贴士

如果在独自修改程序时遇到问题，可以参考给定的"2.进阶练习.sb2"文件内的程序。

进阶练习：

例程中的音符顺序是根据《小星星》来排列的。
1.根据《欢乐颂》简谱控制Mio演奏《欢乐颂》。
2.控制Mio播放一段自己喜欢的音乐。

《欢乐颂》简谱
欢乐女神圣洁美丽 mi mi fa so so fa mi re
灿烂光芒照大地 do do re mi mi re re

第三章

绚丽的城市

情 景 故 事 　城市的夜晚，有五颜六色的霓虹灯，它们像天上的星星一样一闪一闪眨着眼睛，让城市流光溢彩。那么，这些霓虹灯是怎么做出来的呢？今天我们来尝试制作一个绚丽的霓虹灯，让Mio机器人和城市里的灯光一起变换颜色！

学 习 目 标 　1.学习使用程序控制全彩 LED发出五颜六色的光。
2.学习使用判断语句："如果……那么……"。
3.学习广播模块的使用。
4.学习分析程序的编写思路及过程。

16

▷ 认识模块

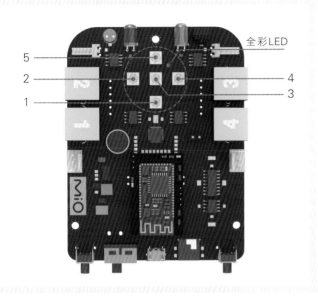

全彩LED

5
2
1
4
3

全彩LED由红色LED、绿色LED和蓝色LED组成。
通过主控板可调节这3种LED颜色的亮度，
全彩LED可以发出多种颜色的光。
（图中的1~5代表全彩LED的编号，
与萝卜立方（PC端）软件里全彩LED指令块中
需要选择的灯的编号一致。）

模块	解析	应用举例
重复执行	当执行到"重复执行"指令块的时候，会循环执行指令块内包含的程序。	当 被点击 重复执行 等待 1 秒 设置全彩LED（板载接口▼）（全部▼）红 150▼ 绿 0▼ 蓝 0▼ 等待 1 秒 设置全彩LED（板载接口▼）（全部▼）红 0▼ 绿 150▼ 蓝 0▼
移到 x: 0 y: 0	将角色移动到设定的具体位置。 (舞台的横坐标范围是±240， 纵坐标范围是±180。数值为程序 坐标范围值，无单位。)	当 被点击 移到 x: 0 y: 0 等待 3 秒 移到 x: 12 y: 34
鼠标的x坐标 鼠标的y坐标	用于侦测鼠标的位置。 x为横坐标，y为纵坐标。	当 被点击 重复执行 移到 x: 鼠标的x坐标 y: 鼠标的y坐标

17

模 块	解 析	应 用 举 例
如果 那么 否则	六边形凹槽内可填写条件判断语句。当满足条件时，执行"那么"指令块内的程序；不满足时，执行"否则"指令块内的程序。	当 被点击 重复执行 如果 碰到 鼠标指针 ？ 那么 设置全彩LED 板载接口 全部 红 0 绿 0 蓝 150 否则 设置全彩LED 板载接口 全部 红 0 绿 0 蓝 0
碰到 红色 ？	用于侦测当前角色是否碰到某个事物。（这里的红色是角色的名字而不是指具体的颜色。）	
当接收到 红色灯亮 广播 红色灯亮	广播指令块是连接多个角色的桥梁。发送者广播一条消息给所有角色，触发接收者执行某些程序。	当 被点击 广播 红色灯亮 当接收到 红色灯亮 设置全彩LED 板载接口 全部 红 150 绿 0 蓝 0
将 颜色 特效设定为 150	更改颜色特效的数值可以使角色的颜色发生变化。	当 被点击 将 颜色 特效设定为 150
鼠标键被按下了吗？	检测鼠标左键是否被按下。	当 被点击 重复执行 如果 鼠标键被按下了吗？ 那么 播放语音 板载接口 播放 音符do
设置全彩LED 板载接口 全部 红 0 绿 0 蓝 0	控制Mio机器人的板载全彩LED。选择"板载接口"，并选择要控制的灯的编号，然后就可以通过改变红、绿、蓝三个基色的值从而显示出不同的颜色。	当 被点击 重复执行 设置全彩LED 板载接口 全部 红 150 绿 0 蓝 0 等待 0.5 秒 设置全彩LED 板载接口 全部 红 0 绿 150 蓝 0 等待 0.5 秒 设置全彩LED 板载接口 全部 红 0 绿 0 蓝 150 等待 0.5 秒

▷ 玩转Mio

操作实例	实例界面

打开"3.绚丽的城市.sb2"文件。
点击绿色小旗，程序开始运行，
魔术师会随着鼠标的移动而移动。
当魔术师的身体触碰到红、绿、蓝
三个大圆圈时点击鼠标左键，上方的
霓虹灯就会变成大圆圈所对应的颜色，
Mio机器人也会发出相应颜色的光。

▷ 编程思路

思路解读	思路流程

程序开始，重复执行以下程序：
首先执行角色跟随鼠标移动的指令；
根据角色碰到的颜色不同，执行不同的程序；
再利用广播的指令，让Mio实现不同的亮灯效
果，并改变霓虹灯的颜色。

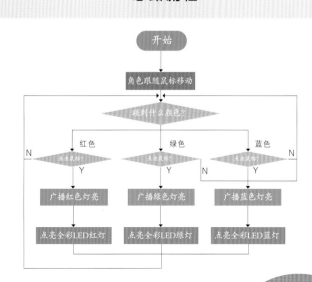

▷ 程序解读

解释说明	程序编写

霓虹灯程序：

当角色"魔术师"发出广播消息后，会被角色
"霓虹灯"接收到，根据接收到的广播消息，
执行所对应的程序。

例如，接收到"红色灯亮"消息，
则将霓虹灯颜色特效值设定为125，
随后设置全彩LED的颜色值为"红色150"，
Mio板载的全彩LED发出红光。

当接收到 红色灯亮
将 颜色 特效设定为 125
设置全彩LED 板载接口 全部 红 150 绿 0 蓝 0

当接收到 绿色灯亮
将 颜色 特效设定为 0
设置全彩LED 板载接口 全部 红 0 绿 150 蓝 0

当接收到 蓝色灯亮
将 颜色 特效设定为 50
设置全彩LED 板载接口 全部 红 0 绿 0 蓝 150

魔术师程序：

点击绿色小旗，程序开始运行。
首先遇到"重复执行"指令块，程序将一直
执行"重复执行"框里的所有程序。
接下来看一下"重复执行"框里的内容：

(1)指令块 移到 x: 鼠标的x坐标 y: 鼠标的y坐标 的功能
　　为让魔术师跟随鼠标移动。

(2)执行完蓝色部分后，有三个"如果……
　　那么……"指令块，它们的功能是判断角色
　　"魔术师"是否触碰了某个角色。如果碰到
　　某个角色，并点击鼠标左键，角色"魔术师"会
　　发出相应的广播消息。霓虹灯角色接收到广播消
　　息后，再执行相应的程序。

当 被点击
重复执行
　移到 x: 鼠标的x坐标 y: 鼠标的y坐标
　如果 碰到 红色 ? 那么
　　如果 鼠标键被按下了吗？ 那么
　　　广播 红色灯亮

　如果 碰到 绿色 ? 那么
　　如果 鼠标键被按下了吗？ 那么
　　　广播 绿色灯亮

　如果 碰到 蓝色 ? 那么
　　如果 鼠标键被按下了吗？ 那么
　　　广播 蓝色灯亮

📖 选择结构

　　判断程序中的某些条件是否成立，从而选择执行不同的程序，这种结构叫做选择结构。
　　程序中的"如果……那么……"指令块就是一种选择结构。跟第一章中的顺序结构一样，选择
结构也是一种基本的程序结构。

小贴士

　　萝卜立方（PC端）角色的颜色特效是参考CCS色环来设定的，颜色特效值一般设定为0~200之间的整数。取值为0时，为角色的初始颜色，本章中的初始颜色是绿色。

进阶练习：

1.控制全彩LED发出黄色、青色和紫色的光，替换程序中的三种颜色。
2.控制全彩LED发出彩虹的七色光，交替闪烁。

▷ 知识拓展

全彩LED运用了光学三原色原理。光学中的三原色为红色、绿色、蓝色，它们是所有颜色的基本色，将三种颜色按照不同的比例混合，就可以得到其他颜色的光。

红色+绿色=黄色

红色+蓝色=紫色

绿色+蓝色=青色

红色+绿色+蓝色=白色

三原色原理

图中的红、绿、蓝三种颜色的圆代表光的三原色；它们各自交叉地方的颜色，代表相邻两种颜色等比例融合之后的颜色；所有光等比例融合在一起就是中间重叠部分的白色。

第四章

大鱼吃小鱼

情 景 故 事

浩瀚的海洋里有成千上万种生物，其中的鲨鱼在鱼类里以凶猛著称。它以各种小型鱼类为食。我们今天就要尝试着自己来制作一个大鱼吃小鱼的游戏。准备好了吗？一起来制作吧！

学 习 目 标

1. 学习按键的原理及应用。
2. 学习全彩LED和扬声器的组合应用。

▷ 认识模块

按键1   按键2

主控板上有两个按键。
按键1是可以自定义的按键，
用户可以使用萝卜立方（PC端）软件检测
其是否被按下，然后控制模块进行特定操作。
例如，设定按下按键时全彩LED亮红色。
按键2是Mio机器人的复位按键，
按下该按键可以对Mio机器人进行复位，
无法通过软件对其进行操作。

模 块	解 析	应 用 举 例
在 ⌐ 之前一直等待	只有满足某些条件，程序才会向下执行。	当 被点击 重复执行 在 按键 板载接口▼ 已按下▼ 之前一直等待 隐藏 在 按键 板载接口▼ 已松开▼ 之前一直等待 显示
显示 隐藏	可以控制角色的出现和消失。	
按键 板载接口▼ 已按下▼	用于检测主控板上按键1的状态。	
碰到边缘就反弹 移动 10 步	移动距离的数值可以随意更改。控制角色在碰到舞台边缘的时候反弹回来。	当 被点击 重复执行 移动 10 步 碰到边缘就反弹

25

▷ 玩转Mio

操作实例

打开"4.大鱼吃小鱼.sb2"文件，点击绿色小旗，
程序开始运行，这时按一下Mio机器人的按键1，
背景图中的大鲨鱼以及三只小鱼就会动起来；
如果小鱼碰到鲨鱼，就会被一口吃掉，
同时Mio将发出不同的声音和不同颜色的光。

实例界面

▷ 编程思路

思路解读

程序开始，等待按键被按下，
当按键被按下后广播"开始"消息，
鲨鱼和小鱼同时开始移动，当小鱼遇到鲨鱼时，
隐藏小鱼角色，并控制Mio发出声音，点亮全彩LED。

思路流程

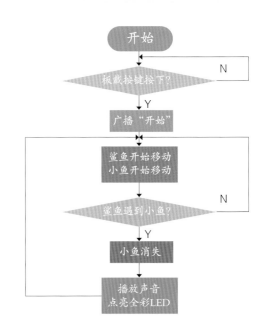

▷ 程序解读

解释说明	程序编写

鲨鱼程序：
点击绿色小旗，程序开始运行。
首先执行"在……之前一直等待"指令块，
然后广播"开始"消息，随后重复执行移动程序，
并且在碰到边缘时反弹回来。

当 🚩 被点击
在 按键 板载接口 已按下 之前一直等待
广播 开始
重复执行
　移动 10 步
　碰到边缘就反弹
　将旋转模式设定为 左-右翻转

小鱼程序：
点击绿色小旗，程序开始运行。
收到"开始"消息后，重复执行移动程序，
并且在角色碰到边缘时反弹回来。
在移动过程中，如果碰到鲨鱼，
则将该角色"隐藏"，代表被鲨鱼吃掉，
同时让Mio发出不同的声音和不同颜色的光。
否则就进入到下一次循环之中。

当 🚩 被点击
显示

当接收到 开始
重复执行
　移动 10 步
　碰到边缘就反弹
　如果 碰到 Shark ? 那么
　　隐藏
　　播放语音 板载接口 播放 音符SO
　　设置全彩LED 板载接口 全部 红 150 绿 150 蓝 0

🖍 循环结构

在一定条件下，重复执行某一段程序的结构叫做循环结构，这种结构可以减少程序重复书写的工作量。

所有带有"重复执行"字样的指令块，都是循环结构，循环结构也是一种基本的程序结构。

进阶练习：

1.修改程序，让三条小鱼在每次按下按键的时候
都会显示出来。

2.按下按键的时候控制全彩LED灯发出自己
喜欢颜色的光，并播放一段声音。

▷ 知识拓展

提及按键，大家并不陌生，我们在生活中经常会接触到按键。下面为大家介绍几种生活中常见的按键。

自复位按键：

自复位按键是指按下后可自动恢复的按键。本课程中用到的就是自复位按键。在生活中，遥控器上的按键和电脑键盘上的按键等，都属于自复位按键。

键盘上的自复位按键

自锁按键：

自锁按键一般用在开关的位置，按下之后会锁定状态，直到再次按下才会恢复上一个状态。生活中常见的插排上的按键就是自锁按键。

电容按键：

电容按键一般为触摸式的按键，每一次触摸都会触发一次按键。生活中的触摸按键一般都为电容式按键，如电磁炉、抽油烟机上的触摸按键大多是电容按键。

插排上的自锁按键

抽油烟机上的电容按键

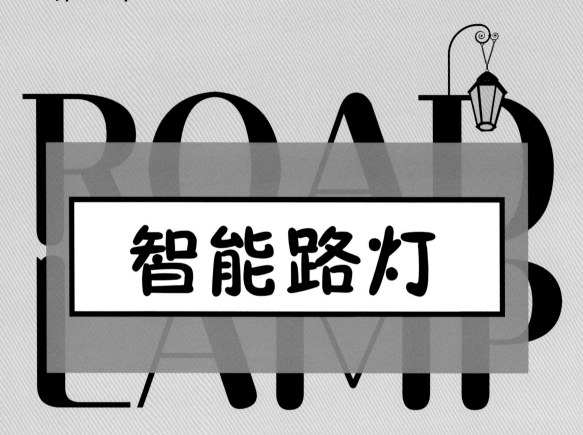

第五章

智能路灯

路灯是我们生活中随处可见的公共设施，它可以在漆黑的夜晚为我们提供光亮，方便我们出行。为了节能，路灯在白天是关闭的，只有在夜晚才会开启，所以需要有人在夜晚将要来临时帮我们开启路灯，为我们照明。

今天我们要制作一个智能化的路灯，它不需要人为去控制，就可以自己控制开关灯。它是不是很神奇？和Mio一起来探究智能路灯的奥秘吧！

学 习 目 标

1. 学习光线传感器的控制和应用。
2. 学习舞台背景的切换和角色虚像特效的应用。
3. 学习数值判断指令块的应用。

▷ 认识模块

光线传感器

光线传感器能够感知环境光线的强弱，
并将接收到的光信号转换为电信号发送给主控板。
光线越弱，它输出的电压越低；
反之，光线越强，它输出的电压越高。

软件模块 NO. 2

模 块	解 析	应 用 举 例
说 你好！	角色可以说出空白处填写的内容（可以是汉字、字母和数字。）	当 ▌ 被点击 说 你好！
将背景切换为 白天 ▼	切换舞台背景，实现不同背景效果。	当 ▌ 被点击 将背景切换为 夜晚 ▼ 等待 1 秒 将背景切换为 白天 ▼
光线传感器 板载接口 ▼	返回光线传感器检测到的光照强度值。（返回值为0~1 023，0代表最暗，1 023代表最亮。）	当 ▌ 被点击 重复执行 说 光线传感器 板载接口 ▼

模 块	解 析	应 用 举 例
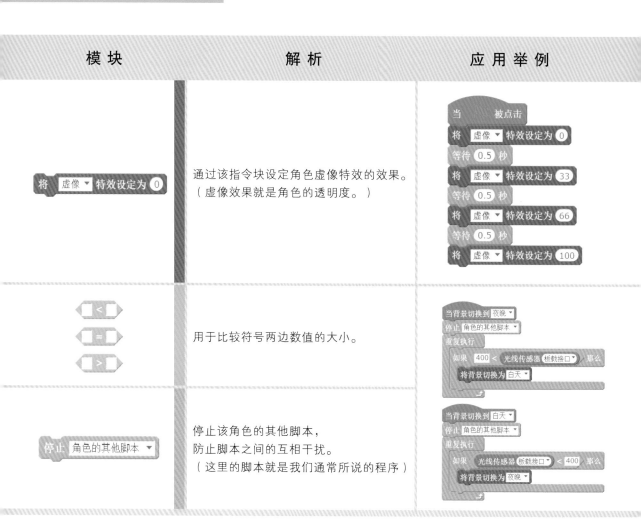 将 虚像 特效设定为 0	通过该指令块设定角色虚像特效的效果。（虚像效果就是角色的透明度。）	
< ＝ >	用于比较符号两边数值的大小。	
停止 角色的其他脚本	停止该角色的其他脚本，防止脚本之间的互相干扰。（这里的脚本就是我们通常所说的程序）	

▷ 玩转Mio

操作实例	实例界面
打开"5.智能路灯.sb2"文件，点击绿色小旗，程序开始运行，这时可以重复将Mio机器人的外壳遮住再敞开，并观察路灯"说"出来的值，光线传感器受到的光照越弱，值越小，反之，则值越大。当数值小于400时，代表夜晚，背景切换为黑夜，"灯光"角色会亮起。当数值大于400时，代表白天，背景切换为白天，"灯光"角色完全消失。	

▷ 编程思路

思路解读	思路流程

程序开始,
首先根据当前光照强度判断是白天还是夜晚,
然后再根据实时的光照切换白天和夜晚的背景,
同时变换不同的灯光效果。

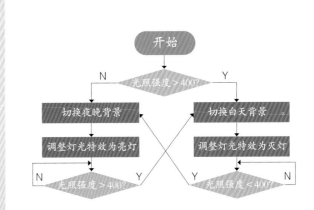

▷ 程序解读

解释说明	程序编写

路灯程序:
点击绿色小旗,程序开始运行。
首先遇到"如果……那么……否则……"的判断
指令块,用来确认现在是白天还是夜晚。
然后进入"重复执行"指令块,
不断地重复执行下文指令:
检测并"说"出光线传感器检测的数值。

解释说明

程序编写

灯光程序：
当背景切换到夜晚时：
首先停止灯光角色的其他脚本，
然后将"虚像"特效设定为"10"，
表示夜晚开启路灯。
最后重复检测光照强度，
当光照强度大于400时，切换到白天背景。
当背景切换到白天时，程序与夜晚相似。

```
当背景切换到 夜晚 ▼
停止 角色的其他脚本 ▼
将 虚像 ▼ 特效设定为 10
重复执行
    如果 400 < 光线传感器 板载接口 ▼ 那么
        将背景切换为 白天 ▼
```

```
当背景切换到 白天 ▼
将 虚像 ▼ 特效设定为 100
停止 角色的其他脚本 ▼
重复执行
    如果 光线传感器 板载接口 ▼ < 400 那么
        将背景切换为 夜晚 ▼
```

进阶练习：

1.修改程序，在原有程序基础上，
实现在夜晚的时候，当光照强度值小于300时，
"灯光"角色的虚像特效为10（即灯光效果更强）。
2.当光照强度值小于500时，
控制全彩LED灯发出白色光，持续时间至少10秒。

▷ 知识拓展

　　我们在使用手机打电话时会自动关闭屏幕，就是用到了光线传感器，当人把光挡住时，手机就会自动关闭屏幕。

手机上的光线传感器

　　生活中最常见的利用光线传感器的地方就是走廊或者楼道里的灯。晚上走廊里的声音达到一定强度时，灯就会自动亮起来，而白天不管走廊里的声音多大，灯都不会亮。这就是因为它们的电路中有光线传感器。

有光控功能的走廊灯

第六章

声音的力量

情景故事　　　"让我们荡起双桨，小船儿推开波浪……"，Mio是学校音乐团的主唱，天生喜爱唱歌的它具有独特的音乐鉴赏能力，我们今天就跟随Mio的脚步，一同去探寻声音的奥秘。

学习目标　　　1.学习逻辑运算指令块的使用。
　　　　　　　2.学习声音传感器的控制与应用。
　　　　　　　3.学习声音传感器和光线传感器的组合应用。

▷ 认识模块

音量传感器

音量传感器可以将声音通过麦克风转化为电信号，经处理后再由计算机将声音强度数值显示出来，方便我们观察。

模块	解析	应用举例
音量传感器 板载接口▼	返回音量传感器检测到的声音强度值。（返回值为0~1 023，数值越大代表声音越强）	
且	如果两边都成立，则返回值是"真"；否则返回值是"假"。	

▷ 玩转Mio

操作实例

实例界面

打开"6.声音的力量.sb2"文件，
点击绿色小旗，程序开始运行，
背景中的小萝卜会显示出声音传感器测量到的数值。
当数值小于250时，
Mio发出绿色光，表示周围环境很安静；
当数值介于250~300之间时，
Mio发出黄色光，代表周围环境相对安静；
当数值大于300时，Mio发出红色光，
代表周围环境嘈杂。

▷ 编程思路

思路解读

思路流程

程序开始，
首先检测周围环境的声音强度。
当小于250时亮绿灯；
当在250~300之间时亮黄灯；
当大于300时亮红灯。

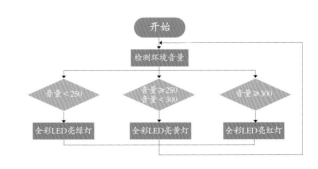

▷ **程序解读**

解释说明   程序编写

点击绿色小旗，程序开始运行。
首先，进入到"重复执行"指令块。
先利用"说"指令块将音量传感器的信息显示出来。
随后是两个"如果……那么……否则……"指令块，
用于判断音量传感器测量的数值，
当数值处于不同的区间时，
执行对应条件下的不同程序。

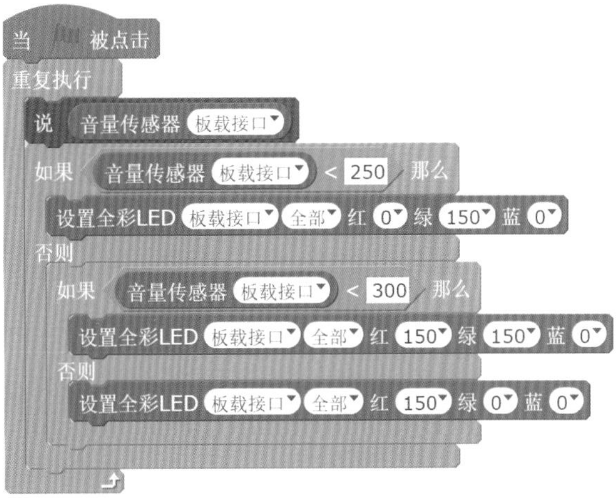

进阶练习：

结合光线传感器，实现楼道灯的功能。
在光照强度值小于400，且声音强度值大于250时，
点亮全彩LED灯，持续5秒，然后灭灯，恢复到检测状态。

由于楼道灯需要"在黑夜"和"有人经过"这两个条件同时成立才会亮灯，所以要用  这个逻辑运算,具体程序可参考配套文件夹里给定的程序。

▷ 知识拓展

声控开关的主要部件是音量传感器。音量传感器将感应到的声音信号转化为数字量，传输给控制器，控制器对数据进行处理后，做出开、关的判断。

声控车贴的主要部件也是音量传感器，根据音量的大小，控制"音柱"跳动。

声控开关   声控车贴

第七章

表情的魅力

情景故事　在日常生活中，我们开心的时候会笑，难过的时候会哭，别人通过观察我们的面部表情变化就能了解我们的情绪。那么机器人Mio是怎么传递它的情绪呢？今天我们就来看看Mio如何利用它的"表情"来向我们传达信息吧！

学习目标　1. 学习表情面板的控制。

2. 学习通过电脑上的按键来控制Mio机器人上的模块。

42

▷ 认识模块

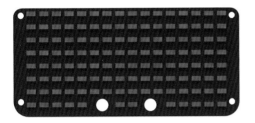

表情面板由128(16x8) 个LED组成，
我们可以独立控制每一个灯的亮灭，从而绘制成图案。
通过RJ25连接线与Mio机器人连接，
将其安置在Mio的头部，方便Mio显示表情。

模 块	解 析	应 用 举 例
表情面板 接口1▼ 颜色: 蓝色▼ 亮度: 4▼ 绘画: ▦ 表情面板 接口1▼ 显示字符: Hi 从第 1▼ 列 亮度为 4▼	表情面板可以使用绘画功能来 绘制自己喜欢的图案。 显示字符时， 可以滚动显示多个字母、数字和符号。	当 被点击 表情面板 接口1▼ 显示字符: Hi 从第 1▼ 列 亮度为 4▼
当按下 空格键▼ 当松开 空格键▼	当按下或松开指定按键时， 会触发这个事件，执行下边的程序。	当按下 空格键▼ 播放语音 板载接口▼ 播放 蓝精灵▼

▷ 玩转Mio

在本节课中，
表情面板需要用RJ25连接线连接到Mio的1号接口。

操作实例	实例界面
打开"7.表情的魅力.sb2"文件， 点击键盘上的方向按键。 表情面板会显示单词或者符号表示方向。	

▷ 编程思路

思路解读	思路流程
程序开始， 当有方向按键按下时， 触发对应的指令块，执行显示程序。 然后继续检测按键状态。	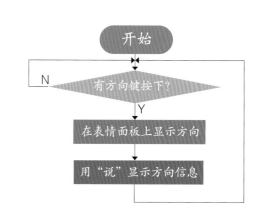

▷ 程序解读

解释说明	程序编写
按下方向键会触发对应的事件，执行"当按下……"模块下方的程序。	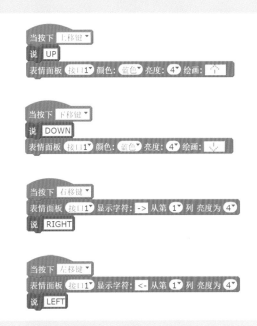

进阶练习：

1. 同学们利用今天学习的新知识，让Mio的表情面板显示自己的名字吧。

   注意：只能显示英文字母哦！

2. 利用 表情面板 接口1▼ 颜色：蓝色▼ 亮度：4▼ 绘画： 显示自己喜欢的图案。

▷ 知识拓展

像表情面板这样的由若干个LED组成的显示屏，叫做点阵屏。屏幕上的每一个点都可以被称作"像素点"。像素点越多、越密集，分辨率就越高，我们看到的图案就越清晰。

公共场所的广告屏幕也是点阵屏，每一块屏幕一般是16×64个点，大的屏幕是由小的拼接而成的，这种点阵屏，一般只能亮一种颜色（多数为红色，因为红色比较显眼）。

公共场所的LED屏幕

我们的手机、电视、电脑的屏幕也是由像素点构成的，只是这些屏幕上的每个像素点都可以显示彩色，所以屏幕画面是彩色的。因为像素点很小很密集，所以我们看不到这些点。我们常说的分辨率就是指在一个屏幕内有多少个这样的像素点。

彩色电视屏幕

Robo3 Market

第八章

REBOUND

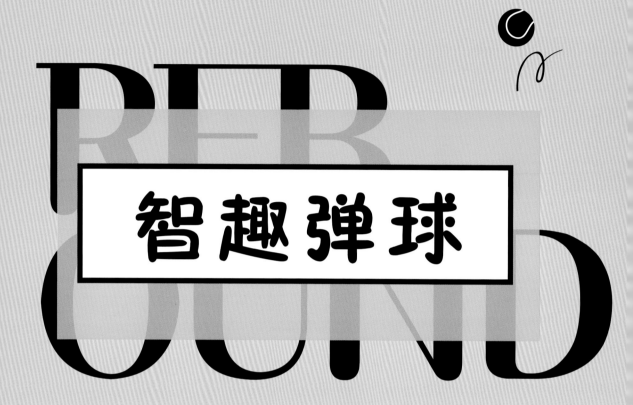

智趣弹球

情 景 故 事　Mio带着一根长长的"尾巴"，行动起来很不方便。这个长长的"尾巴"就是日常生活中，我们随处可见的数据线。今天我们一起想办法帮Mio进化一下，去掉它的小"尾巴"，让Mio行动自如。

学 习 目 标　1. 学习使用USB蓝牙模块与Mio机器人通信。

2. 学习通过电脑键盘上的按键来控制Mio机器人的硬件模块。

3. 学习变量的添加与使用。

▷ 认识模块

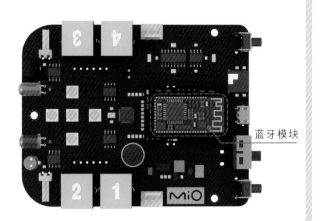

蓝牙模块

利用蓝牙通信可以帮助我们摆脱数据线的困扰，
体验无线控制Mio的乐趣。

配对按键

USB蓝牙模块可以和上边的蓝牙模块配套使用，
该模块通过USB线与电脑相连。
按下模块上的按键即可实现蓝牙配对。

模 块	解 析	应 用 举 例
新建变量 ☑ 得分 将 得分 ▼ 设定为 0	我们在写程序的时候， 常常会用到一些参数(变量)。 我们可以在"数据和指令"脚本页 添加或删除变量。	当　被点击 将 学号 ▼ 设定为 32 说 学号
按键 空格键 ▼ 是否按下？	检测键盘上的某个按键是否被按下。	当　被点击 在 按键 空格键 ▼ 是否按下？ 之前一直等待 播放语音 板载接口 ▼ 播放 音符do ▼
在 1 到 10 间随机选一个数	返回一个处于2个数（在左图中是1 和10）之间的随机数。	当　被点击 说 在 1.0 到 10.0 间随机选一个数

> 蓝牙模块和USB蓝牙模块在使用前要进行配对。在USB蓝牙模块上有一个小按钮，按下后等到蓝灯常亮，就代表已经配对成功。配对时要保证只有一个USB蓝牙模块和一个Mio机器人在开机状态。

小贴士

▷ 玩转Mio

操作实例	实例界面

打开"8.智趣弹球.sb2"文件，
在确保蓝牙连接成功后，点击绿色小旗，
得分清零，小球复位。
按下空格键开始游戏，小球开始下落。
利用左右按键控制绿色弹板，接住小球，获得积分，
若没有接到，让小球掉落到粉色边界，
Mio将播放一段音乐，结束游戏。

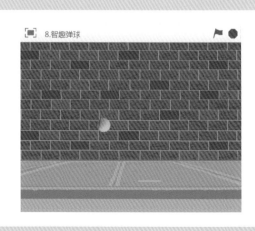

▷ 编程思路

思路解读	思路流程
程序开始，得分清零，小球复位； 等待空格键按下，空格键按下后小球下落； 左右移动弹板去接小球，若接到则得分+1； 若没接到，小球掉落， Mio播放一段音乐，游戏结束。	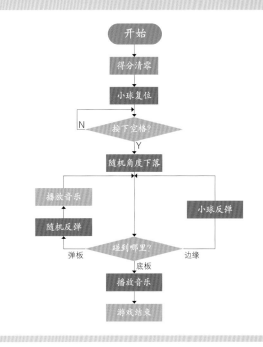

▷ 程序解读

解释说明	程序编写
弹板程序： 点击绿色小旗，程序开始运行； 等待空格键按下，进入循环程序； 按下左键，弹板向左移动，点亮左边的全彩LED； 按下右键，弹板向右移动，点亮右边的全彩LED。	

解释说明	程序编写

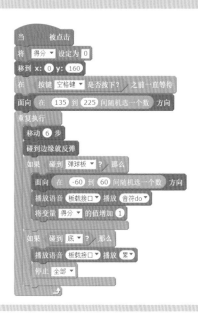

小球程序：

点击绿色小旗，程序开始运行，得分与小球复位；

等待空格键按下，然后执行循环程序。

小球以随机角度下落，碰到边缘后只反弹；

碰到"弹板"反弹，播放音乐，得分"+1"；

小球碰到"底"，播放音乐，游戏结束。

进阶练习：

我们已经学会如何利用蓝牙来控制Mio，下面让我们
利用蓝牙模块，把Mio变成一个简易的电子琴吧。
用按键1～7代表音符do～音符xi，弹奏
《小星星》和《欢乐颂》。

▷ 知识拓展

　　生活中蓝牙的应用很多，有手机蓝牙、蓝牙耳机、蓝牙音响等。有了蓝牙，我们就可以摆脱数据线的困扰，这给生活带来了极大便利。蓝牙耳机可以在接打电话时解放双手；蓝牙音响可以让你摆脱数据线的束缚，随时随地享受音乐。

蓝牙标志

手机蓝牙：

　　手机蓝牙是蓝牙技术迅速发展的根基。开始的时候人们只能利用蓝牙在两部手机之间传输数据。因为它无需数据线，给人们带来了极大的方便，所以人们开始研究出更多使用蓝牙的电子设备。

手机蓝牙

第九章

运动的魅力

情 景 故 事

Mio是一个爱自由，爱运动的机器人。既然我们已经帮助Mio摆脱了它的"小尾巴"，就让我们利用前面学过的编程知识控制Mio机器人，让Mio动起来吧！

学 习 目 标

1. 学习电机（马达）的控制。
2. 学习使用电脑键盘上的按键来控制Mio机器人的运动。

54

▷ 认识模块

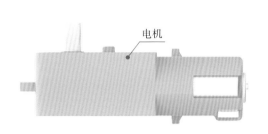

电机

电机有正转/反转两种状态，
电机的转动方向决定了机器人的运动状态。
当两个电机的速度一样时，机器人前进或后退；
当两个电机的速度不一样时，机器人会发生转向。

模　块	解　析	应 用 举 例
设置电机 电机接口1▾ 转速为 0▾	设置电机的转速， 反转为负值，正转为正值，停止为0， 数值范围为−255～255。 （这里的转速没有实际的单位， 数值只是表示电机转动的相对快慢。）	当 ▶ 被点击 设置电机 电机接口1▾ 转速为 100▾
设置电机1速度 0▾ 电机2速度 0▾	电机1和电机2分别指连接在 电机接口1和电机接口2上的两个电机。	当 ▶ 被点击 设置电机1速度 100▾ 电机2速度 100▾

▷ 玩 转 Mio

操作实例	实例界面
打开"9.运动的魅力.sb2"文件，利用键盘上的方向按键控制Mio的运动。当没有按键按下的时候，Mio会自动停止运动。	

▷ 编 程 思 路

思路解读	思路流程
利用蓝牙模块接收萝卜立方（PC端）的按键指令，控制机器人运动。	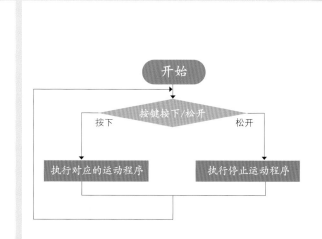

▷ 程序解读

解释说明	程序编写
检测每一个方向按键的状态； 当有按键按下时，执行对应的程序； 当按键松开时，设置电机速度为0。	

进阶练习：

大家既然已经掌握了如何让Mio动起来的方法，
那么让我们来试试如何用电脑来控制Mio的速度吧！
要求：用方向按键控制Mio，w按键加速，s按键减速。
当加速到255以上时，不再加速；当减速到100以下时，不再减速。
速度每次变化值为30。按下空格键，Mio停止运动。

▷ 知识拓展

电机是一种将电能和机械能相互转换的设备。

风扇、玩具车马达和抽水泵等设备都是利用电机将电能转化为机械能的特点，为设备提供动力的。这样使用的电机叫作电动机。

风扇里使用了电动机　　　　　抽水泵　　　　　四驱车的马达

汽车发电机、风力发电机、水力发电机等发电机都是利用电机将机械能转化为电能的特点，为人类发电的。

水力发电机　　　　　　　　汽车发电机

第十章

无线遥控

| 情 景 故 事 | Mio是个活泼好动的机器人。在前面的课中，我们都是用电脑控制Mio，有没有一种方法可以不用电脑就可以控制Mio呢？来试试红外遥控器吧！ |

| 学 习 目 标 | 1. 学习红外遥控器的使用。
2. 学习红外遥控器、电机控制和蓝牙连接的综合应用。 |

60

▷ 认识模块

红外遥控器

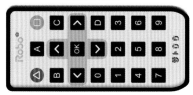

红外遥控器可以发射红外信号，
指挥Mio机器人做出相应的动作。
红外遥控器的每一个按键都有自己的键值，
21个按键的键值是1~21，
排列顺序是从左到右，从上到下。
例如"OK"按键的键值是8，
"0"按键的键值是10，以此类推。

红外线接收器

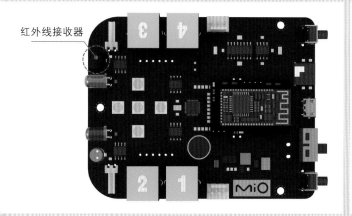

红外线接收器可以接收红外信号，
经过处理再传输给PC端。
红外遥控是目前使用广泛的通信手段，
具有体积小、功耗低、功能强等优点。

模　块	解　析	应 用 举 例
红外接收器 板载接口 的按键是 红色按键	判断红外遥控器的某个按键是否被按下。(本例为红色按键。)	
红外线接收器 板载接口	返回红外遥控器的按键值，没有按键按下的时候返回"0"。	
合并 hello 与 world	将两段内容连接起来的指令块。	

61

▷ 玩 转 Mio

在本节课中，
表情面板需要用RJ25连接线连接到Mio的1号接口。

操作实例	实例界面

打开"10.无线遥控.sb2"文件，
点击绿色小旗，程序开始运行，
此时用红外遥控器对准Mio，
按下方向键，Mio就会执行相应的动作。
在运动过程中表情面板显示运动方向，
当停止时表情面板显示"X"。

▷ 编 程 思 路

思路解读	思路流程

程序开始，等待是否有按键按下，
当有按键按下时，显示运动方向，并执行相应的动作；
按键松开，执行停止程序，并显示"X"。
等待有按键再次按下，继续循环。

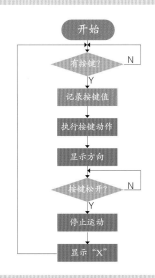

▷ 程序解读

解释说明	程序编写

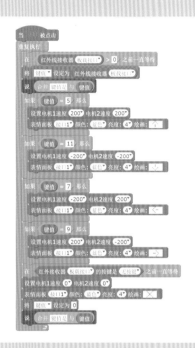

点击绿色小旗，程序开始运行。
进入 "重复执行" 指令块，
不断重复执行内部的程序，
即在 "重复执行" 指令块内，先等待按键按下，
记录按键值。然后是四个 "如果……那么……"
指令块，它们的功能都是判断红外线遥控器上的按
键是否被按下，随后执行相应的程序，直到按键松
开，执行停止电机程序，表情面板显示 "X"，
并将方向变量清零。

进阶练习：

我们已经学会了利用红外遥控器来控制Mio和利用表情面板
显示字母，下面让我们试试用红外遥控器控制表情面板吧！

要求：在表情面板上显示红外遥控器按键值，

并在键值前加上字母K。

▷ 知 识 拓 展

红外遥控在生活中很常见，例如家里的电视遥控器、空调遥控器等，它们的特点是按下不同的按键，会发出不同的红外信号。当电视或者空调接收到这些信号时，就会按照人们的遥控指令工作了。

红外电视遥控器

一些支持红外遥控功能的手机也安装了红外模块。它们与普通的遥控器的区别就是，安装红外模块的手机可以在手机中储存大量不同的遥控信息，在使用时根据需要可以选择不同的遥控功能。

有红外发射的手机

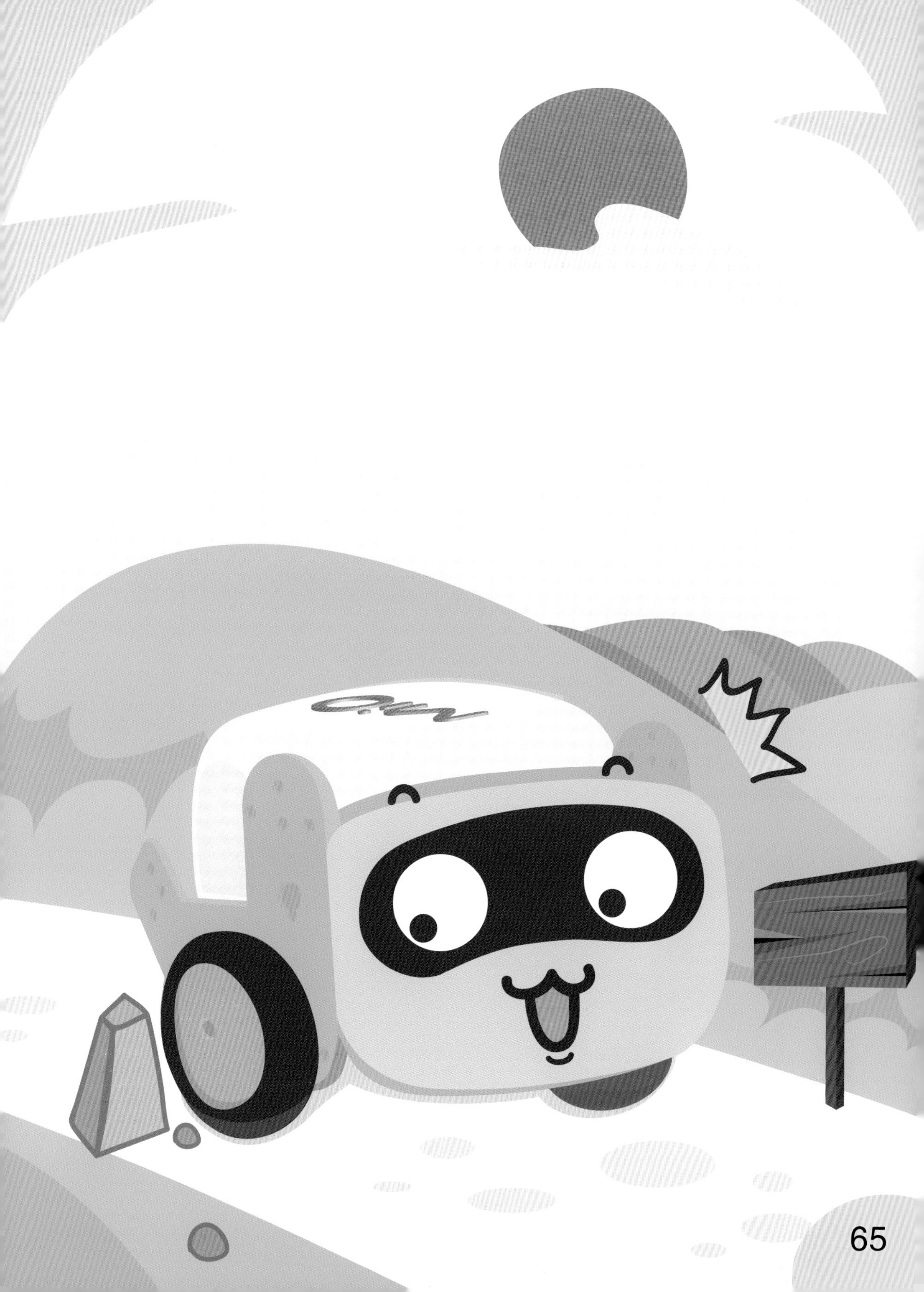

第十一章

安全第一

情 景 故 事　虽然Mio是一个运动达人，但是它总是喜欢横冲直撞，为了让Mio能够感知前方的危险并及时停下来，我们来帮助它编写程序实现安全第一吧！

学 习 目 标
1. 学习同一角色不同造型的切换方法。
2. 学习超声波测距模块的控制和应用。

▷ 认识模块

超声波测距模块

超声波测距模块有两个探头,
一个发射超声波,
另外一个接收反射回来的超声波,
以达到测距的目的。
探测范围：5 ~ 300 cm。

模 块	解 析	应 用 举 例
将造型切换为 红灯 ▼	当同一角色有多个造型时,本模块用于切换同一角色的不同造型,例如交通灯的三种造型。	当 █ 被点击 将造型切换为 红灯 ▼ 等待 ① 秒 将造型切换为 绿灯 ▼
超声波传感器 接口2▼ 的距离	返回超声波测距模块与前方障碍物之间的距离值（单位：厘米）。	当 █ 被点击 重复执行 说 超声波传感器 接口2▼ 的距离

▷ 玩 转 Mio

在本节课中，
超声波测距模块需要用RJ25连接线连接到Mio的2号接口。

操作实例

实例界面

打开"11.安全第一.sb2"文件，
点击绿色小旗，程序开始运行，
Mio检测与前方物体的距离。
当距离大于50 cm时，场景中的交通灯为绿灯，
Mio以150的速度前进（指软件编程速度值为100，
默认为无单位，后文同样）；
当距离大于15 cm且小于50 cm的时候，
场景中的交通灯为黄灯，Mio以100的速度前进；
当距离小于15 cm时候，场景中的交通灯为红灯，
Mio停止前进。

▷ 编 程 思 路

思路解读

思路流程

程序开始，在界面中显示距离。
根据检测到的数据进行判断。
安全：继续前进。
接近危险：减速。
危险：停止前进。

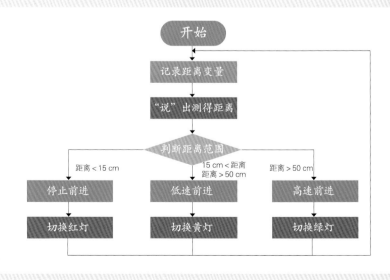

▷ 程序解读

解释说明	程序编写

小车程序：
点击绿色小旗，程序重复运行，
检测超声波的数据并显示出来，根据检测距离，
做出相应的程序动作。
当距离>50 cm，广播绿灯，高速前进；
当15 cm<距离<50 cm，广播黄灯，低速前进；
当距离<15 cm，广播红灯，停止前进。

交通灯程序：
选择"交通灯"角色，点击造型，可以看到如下
图所示的情况：
红灯、绿灯、黄灯分别为交通灯的三种造型；
当执行到"将造型切换为"指令块时，
"交通灯"角色会切换不同的造型。

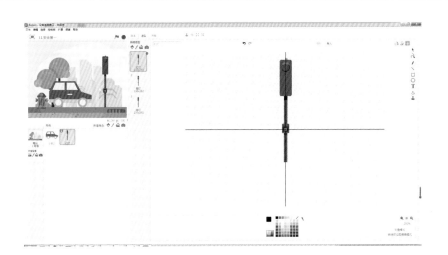

小贴士

添加后退程序时，我们可以参考

原来程序里高速运动和低速运动的判

断方式来设计程序。

进阶练习：

现在我们学会了应用超声波测距模块，让Mio可以在
运动的时候及时停下来，
那如果一开始障碍物就在离Mio很近的地方怎么办呢？
现在我们就开动大脑，让Mio在离障碍物很近时，
可以慢慢地后退到安全距离吧！

要求：当距离小于10 cm时后退，
当距离在10～15 cm时，停止运动。

▷ 知识拓展

　　常用的超声测距方法是回声探测法，原理如下图所示。超声波发射器向某一方向发射超声波，在发射的同时开始计时，超声波在途中碰到障碍物的阻挡就立即反射，超声波接收器收到反射回的超声波就立即停止计时。超声波在空气中的传播速度为340 m/s，根据计时器记录的时间t，就可以计算出发射点距障碍物的距离S。即：$S=340 \times t/2$。

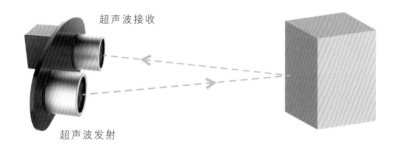

超声波的测距原理

第十二章

防盗报警器

情 景 故 事　　Mio机器人一直都受计算机的控制，这给它带来了很多的困扰。这节课我们就帮它摆脱计算机的控制，独立运行！

学 习 目 标　　1.学习使用萝卜立方（PC端）软件给Mio下载程序。
　　　　　　　　2.学习全彩LED、扬声器和超声波测距模块的综合应用。

本 章 要 点　　本章主要学习如何使用萝卜立方（PC端）软件给Mio下载程序。在下载之前，我们要使用指令块把程序写好，然后利用软件的翻译功能将指令块程序翻译成Arduino程序。但是，并非所有类型的指令块都能翻译成Arduino程序。在本章中，我们还要学习建立变量"distance"，在前面的课程中，我们的变量大多使用汉语，方便理解与记忆，但是汉语是不能翻译成Arduino语言的。所以在本章，我们的变量必须都是英文！

▷ 玩转 Mio

在本节课中,
超声波测距模块需要用RJ25连接线连接到Mio的2号接口。

操作实例	实例界面

打开 "12.防盗报警器.sb2" 文件,
点击绿色小旗,程序开始运行,
根据超声波测距模块测得的距离,
来控制全彩LED和扬声器执行不同的指令。

▷ 编程思路

思路解读	思路流程

点击绿色小旗,程序开始运行。
先使用超声波测距模块来测量前方障碍物的距离,
如果距离小于30 cm,则认为有坏人进入屋子,
让全彩LED亮红灯,扬声器开始报警;
否则,关闭全彩LED。

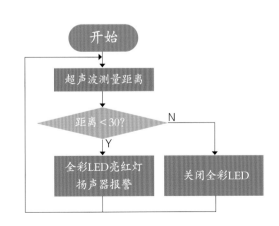

▷ 程序解读

解释说明	程序编写

主程序：
先新建一个"distance"变量，并初始化为0。
执行"重复执行"指令块，将超声波测距模块
测量的数据赋值给"distance"变量，
如果"distance"小于30，
那么控制全彩LED亮红灯，
扬声器发出音符"do"的声音来报警；
否则，关闭全彩LED。

当 被点击
将 distance 设定为 0
重复执行
　将 distance 设定为 超声波传感器 接口2 的距离
　如果 distance < 30 那么
　　设置全彩LED 板载接口 全部 红 150 绿 0 蓝 0
　　播放语音 板载接口 播放 音符do
　　等待 0.5 秒
　否则
　　设置全彩LED 板载接口 全部 红 0 绿 0 蓝 0
　　等待 0.5 秒

▷ 程序上传 Arduino

运行上面的程序，大家一定看到了期望的效果，那么我们怎么能让Mio脱离与计算机的连接真正发挥报警的作用呢？

1.选择"编辑"下方的"Arduino模式",让我们进入到一个全新的程序模式。

2.在Arduino模式下,我们将 <当 被点击> 替换为 <Mio主程序> ,具体设置如下图所示:

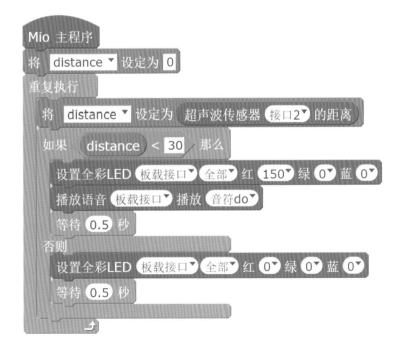

3.在界面右侧我们就能看到将指令块翻译成Arduino代码的程序。

4.点击"上传到Arduino"，将代码烧写到Mio控制板中。

5.上传完成后，拔下USB数据线，现在即可将Mio放在窗户边，让它真正发挥防盗报警的作用。

使用萝卜立方（PC）还原出厂程序

当我们把自己的程序烧写到Mio主板之后，如果我们还想使用萝卜立方（PC）软件与它通信，那该怎么做呢？

1.我们将Mio与计算机连接，选择好COM接口。

2.选择"连接"下方的"恢复出厂程序"，等待程序上传完毕，之后就可以让Mio重新与计算机通信了！

进阶练习：

我们已经学会了怎么使用计算机给Mio烧写程序了，
那就结合我们前面所学的知识，
自己做一个交通灯，让Mio独立运行吧！

要求：交通灯使用表情面板显示剩余时间，
绿灯持续时间为5秒，黄灯为2秒，红灯为5秒。

▷ 知识扩展

防盗报警器主要由防盗报警主机与防盗报警配件这两部分组成。通常在使用过程中，由防盗报警配件探测发生在布防监测区域内的侵入行为，产生报警信号，报警信号再传输给报警主机，由报警主机发出报警提示。

防盗报警器的报警提示一般分为两种：一种是现场响起警报信号；另一种是通过网络或者其他通信方式将报警信息传达给指定的人或系统平台。

第十三章

赛道达人

情景故事

我们都知道，火车是在铁轨上运行的，长长的火车会在铁轨上呼啸而过。Mio看到火车沿着轨道开动，也希望像火车那样有一个可以前进的轨道。我们利用自己学过的知识来帮帮Mio实现它的心愿吧！

学习目标

1. 学会利用巡线模块实现Mio的巡线功能。
2. 理解巡线模块的工作原理。

▷ 认识模块

右

中

左

巡线模块可以帮助机器人
沿着地上的黑线（或者白线）前进。
它有三对红外线收发器，
根据巡线模块返回的信号，
判断巡线模块下方是白色还是黑色。

模　块	解　析	应 用 举 例
	读取巡线模块的返回值。 当收发器下方为白色时，返回0； 为黑色时， 从左到右返回值依次为1，2，4。 模块将这三个收发器返回值相加。 例如： 只有中间和左边两组收发器下方为 黑色时，模块会返回3（1+2）。	

▷ 玩 转 Mio

在本节课中，
巡线模块需要用RJ25连接线连接到Mio的3号接口。

操作实例	实例界面

打开"13.赛道达人.sb2"文件，
将Mio与电脑连接，参考上一章学习的下载程序
的方法，将程序烧写到Mio控制板上，
烧写方法可以参考第十二章的内容。
将Mio机器人放在套件中的巡线地图上
（注意放置在黑色实线上），
然后按下遥控器上的红色按键，
Mio就会自动沿着黑色实线前进，
当按下遥控器上的按键"A"时，Mio停止。

▷ 编 程 思 路

思路解读	思路流程

程序开始，
等待"红色"按键按下，然后开始巡线程序。
判断Mio是否脱离黑线。
如果是，则根据情况调整方向，否则直行。
如此循环执行，直至按下遥控器的"A"按键，
Mio停止。

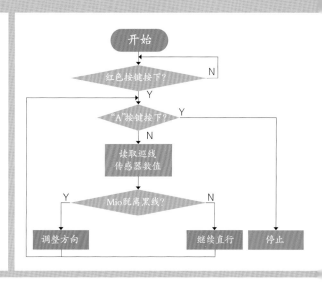

▷ 程序解读

解释说明	程序编写

打开电源，程序开始，等待"红色"按键按下，
随后Mio进入"重复执行"指令块：
首先将巡线传感器测回来的数值赋给变量"liner"，
然后再判断变量"liner"的数值，
不同的数值代表Mio相对于黑色实线不同的偏移情况。
在判断完偏移情况后，
根据实际情况调整两个电机的速度。
如果Mio向左偏，则让左侧电机速度加快；
如果Mio向右偏，则让右侧电机速度加快；
这样就可以让Mio始终沿着黑线运动。
当遥控器"A"键按下时，Mio停止运动。

程序编写：

Mio 主程序
在 红外接收器 板载接口▼ 的按键是 红色按键▼ 之前一直等待
重复执行直到 红外接收器 板载接口▼ 的按键是 按键A▼
　将 liner▼ 设定为 巡线传感器 接口3▼ 全部▼
　如果 liner = 2 或 liner = 7 那么
　　设置电机1速度 150▼ 电机2速度 150▼
　如果 liner = 1 那么
　　设置电机1速度 0▼ 电机2速度 150▼
　　将 direction▼ 设定为 1
　如果 liner = 3 那么
　　设置电机1速度 50▼ 电机2速度 150▼
　　将 direction▼ 设定为 1
　如果 liner = 6 那么
　　设置电机1速度 150▼ 电机2速度 50▼
　　将 direction▼ 设定为 2
　如果 liner = 4 那么
　　设置电机1速度 150▼ 电机2速度 0▼
　　将 direction▼ 设定为 2
　如果 liner = 5 那么
　　如果 direction = 1 那么
　　　设置电机1速度 -150▼ 电机2速度 150▼
　　否则
　　　设置电机1速度 150▼ 电机2速度 -150▼
　如果 liner = 0 那么
　　如果 direction = 1 那么
　　　设置电机1速度 -150▼ 电机2速度 150▼
　　否则
　　　设置电机1速度 150▼ 电机2速度 -150▼
设置电机1速度 0▼ 电机2速度 0▼

▷ 知 识 拓 展

巡线机器人的巡线功能是利用巡线传感器来实现的。

生活中我们会在机器人餐厅里看到为我们服务的巡线机器人，他们会沿着预设的路线将食物送上我们的餐桌。

巡线服务机器人

第十四章

灵活的Mio

情 景 故 事　我们在走路的时候，如果遇见了前方障碍物，会及时绕开。其实不只是我们人类，Mio机器人也有着一双明亮的"眼睛"，我们来看看当Mio发现前方有障碍物时是怎么躲避的。

学 习 目 标
1. 理解超声波测距模块的应用。
2. 学习使用编程实现Mio的避障功能。

本 章 要 点　Mio机器人在遇到障碍物的时候会及时停止，但是只是停止是不够的。我们应该在Mio遇到障碍物的时候，先让Mio后退一段距离，然后再转向，接着继续前行。

▷ 玩 转 Mio

在本节课中，
超声波测距模块需要用RJ25连接线连接到Mio的2号接口。

| 操作实例 | 实例界面 |

打开"14.灵活的Mio.sb2"文件，
点击绿色小旗，程序开始运行，
将Mio放在有障碍物的地面上，Mio向前运动，
在运动过程中不断检测前方是否有障碍物。
如果有障碍物，Mio则后退并转向，
然后继续向前运动。
在运动过程中利用表情面板显示与前方障碍物
的距离（四舍五入到整数部分）。

▷ 编 程 思 路

| 思路解读 | 思路流程 |

点击绿色小旗，程序开始运行，
Mio检测是否安全，若安全向前移动。
若危险Mio后退并且转向。
重新检测是否安全。

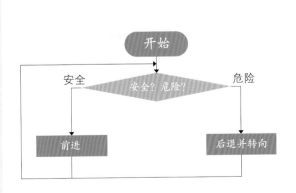

▷ 程序解读

解释说明	程序编写
主程序： 点击绿色小旗，程序开始运行。 判断距离是否安全。	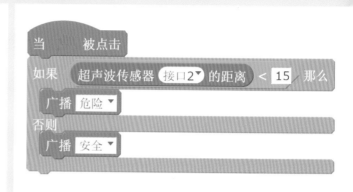
危险时候： 当收到危险消息时，停止其他程序， 后退并转向，重复检测距离并显示在表情面板上，同时广播是否安全。	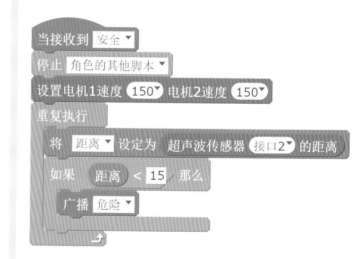
安全时候： 当收到安全消息时，停止其他程序， 向前行驶，重复检测距离并显示在表情面板上， 直到遇到危险，开始广播危险消息。	

进阶练习：

Mio机器人躲避障碍物是不是很灵活呢？
如果Mio与障碍物的距离小于15 cm时发出警报，
就更厉害了。下面我们就自己动手修改一下程序，
让Mio在后退和转弯的过程中发出警报声。

▷ 知 识 拓 展

这一节我们知道了如何利用超声波测距的
功能进行避障。此外，红外线也有测距的功能，
和超声波测距模块一样，红外线测距模块也有
一个发射器和一个接收器，也可以通过编程让
机器人实现避障的功能。

夏普的红外线测距模块

第十五章

玩转多才多艺的Mio

情景故事

Mio是个聪明的机器人，它已经学会了很多本领，比如能灵巧地躲避前方的障碍物和自动巡线等能力。这节课我们让Mio将它的才艺都表演一番吧。

学习目标

1.学习如何新建模块。
2.复习前面课程学习过的各种传感器，学会将它们综合利用。

▷ 认识模块

模 块	解 析	应 用 举 例
	新建模块指令， 可以将一段程序作为 一个独立指令块直接调用， 增加了程序的可读性。	

▷ 玩 转 Mio

在本节课中，
超声波测距模块需要用RJ25连接线连接到Mio的2号接口，
巡线模块需要用RJ25连接线连接到Mio的3号接口。

操作实例	实例界面
打开"15.玩转多才多艺的Mio.sb2"文件， 下载程序到Mio控制板上。打开电源，开始程序。 将Mio机器人放在套件上的专用巡线地图上。 按下红外遥控器的"0"键，然后执行巡线子程序， 在巡线过程中如果遇到障碍物， 或者按下红外遥控器的"OK"键， Mio会自动停止。	

▷ 编 程 思 路

思路解读	思路流程
程序开始之后等待"0"键按下， "0"键按后播放声音，进入"巡线"子程序， 开始巡线运动。 在运动过程中，如果遇到障碍物，Mio会自动停止， 等待绿色键按下，则继续巡线程序； 如果按下按"OK"键Mio会自动停止，程序结束。	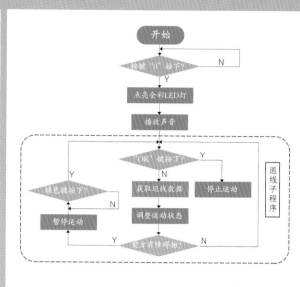

▷ 程 序 解 读

解释说明	程序编写
打开电源，程序开始。 等待按下"0"键，然后点亮全彩LED， 播放音乐，进入巡线子程序（Line follower模块）。	

解释说明

程序编写

定义 Linefollower

重复执行直到 红外接收器 板载接口▼ 的按键是 OK按键▼

将 liner ▼ 设定为 巡线传感器 接口3▼ 全部▼

如果 liner = 2 或 liner = 7 那么
　设置电机1速度 150▼ 电机2速度 150▼

如果 liner = 1 或 liner = 3 那么
　设置电机1速度 0▼ 电机2速度 150▼
　将 direction ▼ 设定为 1

如果 liner = 4 或 liner = 6 那么
　设置电机1速度 150▼ 电机2速度 50▼
　将 direction ▼ 设定为 2

如果 liner = 5 那么
　如果 direction = 1 那么
　　设置电机1速度 -150▼ 电机2速度 150▼
　否则
　　设置电机1速度 150▼ 电机2速度 -150▼

如果 liner = 0 那么
　如果 direction = 1 那么
　　设置电机1速度 -150▼ 电机2速度 150▼
　否则
　　设置电机1速度 150▼ 电机2速度 -150▼

如果 超声波传感器 接口2▼ 的距离 < 10 那么
　设置多彩LED 板载接口▼ 全部▼ 红 0▼ 绿 0▼ 蓝 0▼
　设置电机1速度 0▼ 电机2速度 0▼
　在 红外接收器 板载接口▼ 的按键是 绿色按键▼ 之前一直等待

设置多彩LED 板载接口▼ 全部▼ 红 0▼ 绿 0▼ 蓝 0▼
设置电机1速度 0▼ 电机2速度 0▼

进入巡线子程序后，重复执行巡线运动，
直到按下"OK"键；
在巡线过程中，
如果遇到障碍物，Mio会自动停止；
绿色键按下，则继续巡线程序；
如果按下按"OK"键，Mio会自动停止，
程序结束。

进阶练习：

利用新建模块的功能，编写一个子程序。
将程序中遇到障碍物停止部分改写为一个新的子程序
快动手试试吧！

▷ 知识拓展

今天的课程中我们学习了一个新的编程方法——"新建模块指令"，利用这个方法我们可以将一些有特定功能的程序独立出来，直接调用，这样做可以让我们的主程序看起来思路更清晰。

第十六章

数学·小·能手

| 情 景 故 事 | Mio机器人是一个擅长加减法计算的数学小能手，它可以又快又准确地计算出10 000以内的加减法结果。下面就让我们来跟Mio比比谁的数学更厉害吧！ |

| 学 习 目 标 | 1. 理解计算器数据输入的原理。
2. 学习使用编程实现Mio加减法计算功能。 |

▷ 本章要点

将 输入值 ▼ 设定为 (10 * 输入值) + 按键值

这是一个计算数据输入的组合指令块，它在给计算器输入数据的时候是从高位开始的。

比如输入125，先将"输入值"清零，

当输入数字1时，"按键值"就是1，那么新的"输入值"就是10×0+1=1；

当输入数字2时，"按键值"就是2，那么新的"输入值"就是10×1+2=12；

当输入数字5时，"按键值"就是5，那么新的"输入值"就是10×12+5=125。

遥控器依次按下1，2，5三个数字键，我们即可得到数字125。

▷ 玩 转 Mio

操作实例	实例界面

打开"16.数学小能手.sb2"文件，

点击绿色小旗，程序开始运行，

首先会复位所有的数据变量，并看到Mio说"0"。

这时可以用遥控器输入数字，

利用上面计算"输入值"的方法，

我们可以输入我们需要做加减运算的第一个数，

同时Mio会说出这个数。

当我们按向上键或者向下键时，

Mio会分别说"+"或"-"，

再输入第二个做加减运算的数，Mio会说出这个数，

按"OK"按键，Mio会说出计算结果，

再按"C"按键，程序会再次恢复到初始状态，

将所有数据清零，开始新的计算。

（若在运算过程中操作出现错误，可以先按"OK"键，

再按"C"键，恢复到初始状态重新计算。）

▷ 编 程 思 路

思路解读	思路流程

程序开始，首先恢复到初始化状态，
重复执行第一个数的输入程序，直到按向上键或向下键，
此时给第一个数赋值并选择要做加法还是减法。
然后执行第二个数的输入函程序。
当按下"OK"键，给第二个数赋值并计算出结果；
再按下"C"键，返回到初始状态，开始新一轮的计算。

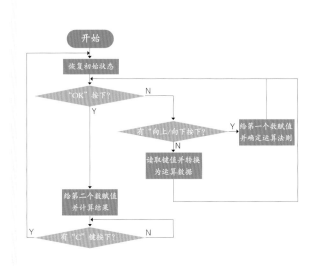

▷ 程 序 解 读

解释说明	程序编写

主程序：
点击绿色小旗，程序开始运行。
首先恢复初始状态，然后开始检测按键，
当有按键按下时，记录键值，
然后根据键值判断执行数据转换函数还是给第一个数赋值；
直到"OK"键（键值为8）按下时，
给第二个数赋值并计算出结果；
最后等待"C"键按下，
再次恢复初始状态，进入下一次运算。

解释说明

程序编写

恢复初始状态函数：
该函数主要功能是：将所有的变量清零恢复到
初始状态。

将按键值转换为运算数据：
该函数的主要功能是：将每次输入的输入值通过
运算转换为后边计算时需要的运算数据。
按键 "0" 的键值是10，当键值大于12时，
用键值减去12即可得到具体的数值。
例如：遥控器数字键3的键值为15，15大于12，
所以用15减去12，得到数值3。

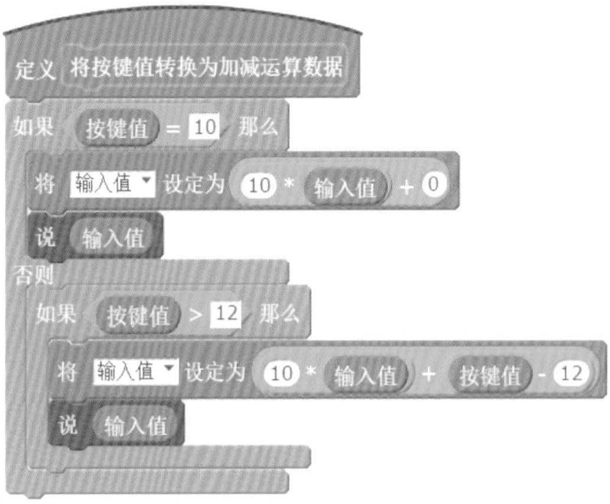

第一个数赋值并判断运算：
该函数的主要功能是：将之前得到的运算数据赋值
给第一个数，并判断要进行加法还是减法运算。

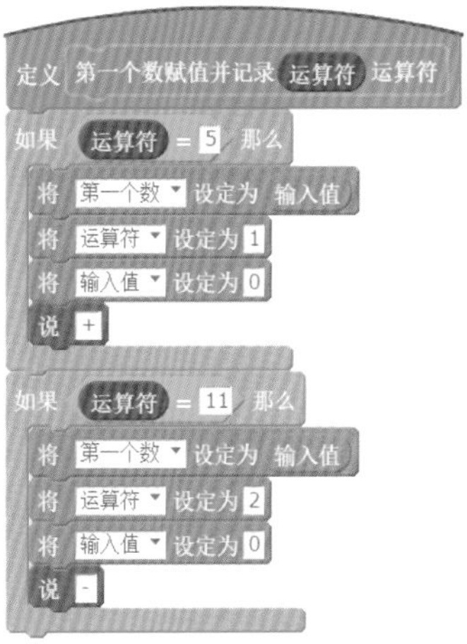

解释说明

程序编写

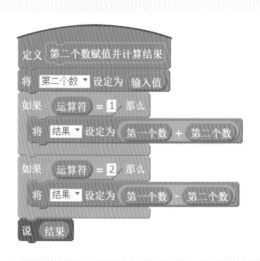

第二个数赋值并计算结果：

该函数的主要功能是：转换得到的运算数据赋值给第二个数，同时计算出结果，并说出结果。

进阶练习：

我们已经能用Mio机器人来计算10000以内的加减法了，那么现在就让我们用遥控器上的左方向键和右方向键分别代表乘号和除号，来完成乘除法的计算吧。

▷ 知识扩展

最早的计算工具诞生在中国，它叫筹策，又被叫作算筹。算筹多用竹子制成，也有用木头、兽骨充当材料的，约二百七十枚一束，放在布袋里就可以随身携带。

算盘是中国古代计算工具领域中的另一项发明，明朝时的珠算盘已经与现代的珠算盘几乎完全相同。比起算筹，算盘更方便人们进行数字运算，至今仍被广泛使用。

珠算盘

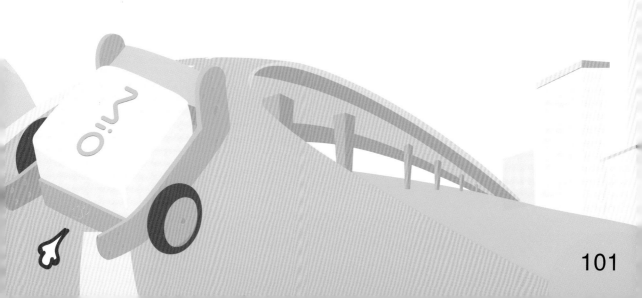